饮水与健康

朱月海　编著
顾国维　　审

中国建筑工业出版社

图书在版编目（CIP）数据

饮水与健康/朱月海编著．—北京：中国建筑工业出版社，2009

ISBN 978-7-112-11138-1

Ⅰ. 饮… Ⅱ. 朱… Ⅲ. 饮用水-关系-健康 Ⅳ. TU991.2 R161

中国版本图书馆 CIP 数据核字（2009）第 118519 号

饮水与健康

朱月海　编著

顾国维　审

*

中国建筑工业出版社出版、发行（北京西郊百万庄）

各地新华书店、建筑书店经销

北京永峥排版公司制版

北京同文印刷有限责任公司印刷

*

开本：787×1092 毫米　1/32　印张：1¾　字数：50 千字

2009 年 11 月第一版　2009 年 11 月第一次印刷

定价：**6.00** 元

ISBN 978-7-112-11138-1

（18370）

《饮水与健康》客观、详实地阐述了该问题的由来；水对人体的重要性和需水量；衡量健康水的标准；地面水与地下水所含有益物质及数量的区别；市场上供应的水哪些是属于健康的水；我国提高生活饮用水水质标准的条件和过程；水质指标中浊度和 COD_{Mn} 值的重要性；对氯消毒产生副产物的认识；温泉沐浴及其对皮肤的吸收等问题。这是一本与人体健康密切相关、用数据说话、讲道理、通俗易懂、易接受的科普性读物。

* * *

责任编辑：俞辉群
责任设计：张政纲
责任校对：关　健　陈晶晶

前　言

社会的安定、和谐、生活水平的持续提高，人们对身体日益关注，期望健康长寿。因此在调整饮食搭配和结构的同时，也特别注重饮水问题。水，人人都要喝，每天都要喝，是人体的重要组成部分，是不可少的营养物。

饮用什么样的水有利于健康，这是人们极为关注的问题。由于部分供水水源受到不同程度的污染，人们担忧自来水的水质安全。因此20世纪90年代社会上出现了太空水、宇宙水、纯净水（即纯水）、蒸馏水、天然矿泉水、人工矿化水、饮用净水等名目繁多、五花八门的桶装水、瓶装水以及净水屋（站）、居住小区分质供水等。而且都说是好水、合格的水、有益于健康的水、可直接饮用的水。各说各有理，使广大老百姓弄不清究竟饮用哪种水为好。社会上自然引起了不同看法和争议，许久难以得到平息。1999年原建设部制定了《饮用净水水质标

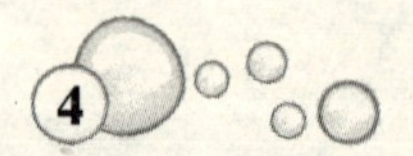

准》（CJ94-1999）；2001 年 3 月中国建筑工业出版社出版了由罗敏、周蓉翻译，王占生教授审阅的 Martin Fox（马丁·福克斯）博士的《健康的水》一书。读过此书的人，对饮用什么样的水有利于健康会有一定的了解和认识。

其实对于生活饮用水，我国政府十分重视，改革开放以来，特别是进入 21 世纪以来，生活饮用水水质标准连续不断地修订更新。2001 年 4 月卫生部颁布了《生活饮用水卫生规范》（共 96 项指标）；2005 年初建设部颁布了《城市供水水质标准》（CJ/T206-2005，93 项指标，6 月 1 日起实施）；2006 年 12 月 29 日卫生部又颁布了《生活饮用水卫生标准》（GB5749-2006，共 105 项指标）。使生活饮用水水质标准大幅度提高，GB5749-2006 是基本上与国际先进水平及 WHO 标准接轨的标准，达到此标准的水可以直接生饮。2008 年北京奥运会的奥运村供水已达到此标准；上海南市自来水厂已进行了全面改造，2010 年世博会的供水也将达到此标准。但要在每个城市和全国范围内达到 GB5749-2006 标准，存在着大量老水厂的改造和城市旧的输、配水管道更新等艰巨任务，需要一个较长的过程和时间。因此各类桶装水、瓶装水及居住小区分质供水等依然会继续存在，则饮用什么样的水有利于健康也会接着讨论下去。

作者在调查过程中了解到，人们对饮水与健康问题十分关心，恳切希望多出版些这方面的科普读物。编写《饮水与健康》一书，旨在抛砖引玉，提供人们研究、讨论问题的基础情况、水质标准和相关资料等。在水的科普读物百花图中增添一草。希望它能有助于科学、合理地饮水，促进人体健康。

如有不妥之处，恳望批评指正并共同商榷。

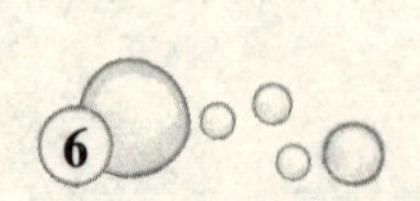

目　录

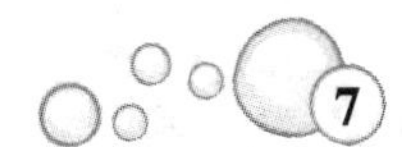

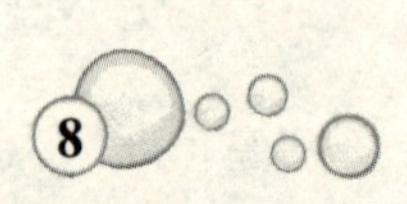

饮水与健康

“饮水与健康”的由来

饮水是健康长寿的需要

社会安定、和谐、生活水平持续提高，日子过得越来越美好，人们对身体也日益关注，热切期望健康长寿。因此，在调整饮食搭配和结构的同时，也特别注重饮水问题。水，人人都要喝，天天都要喝，水是生命之源。饮用水虽仅占生活用水的2%，但这2%的水既能促进人体健康，也会损害人体健康，究竟喝什么样的水有益于健康成为人们关注的热点。当然，促进人体健康的水被称为“健康的水”。人们希望长期喝到有益于健康的水，以利健康长寿。

对水源被污染的不安

目前我国每年排放的经处理和未经处理的污废水总量约365亿吨，确实污染了大批江、河、湖、海、库的水体，特别是城镇附近的水体，其中还包括一些自来水厂的取水水源。水体被污染，对人们生活质量的提高带来不少困难，对

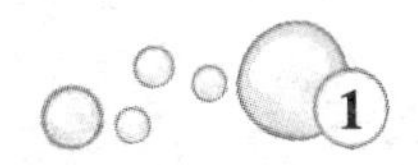

人体健康造成不利影响。

在水源污染中，以有机化合物（简称有机物）污染最为突出。有机物是含碳化合物或碳化合物及其衍生物的总称。部分有机物来自动、植物，但大多数是人工合成有机物，其数目多达几百万种。水体的污染程度常用五日生化需氧量（BOD_5）、化学需氧量（COD）、总有机碳（TOC）、氨氮、酚等含量大小来表示。被污染的水体，使水中溶解氧减小，水质变差、变坏。这些有机污染物不利于人体健康，而在自来水厂常规净水处理（加药混合、絮凝、沉淀、过滤）工艺中又较难以去除，因此水质不易达到饮用水卫生标准规定值。人们对水体污染，特别是取水水源被污染十分关切和不安。

对自来水的担忧

杀菌消毒药剂种类较多，因氯价格便宜，杀菌效果好，并能保持较长的杀菌时间，因此目前我国及世界上大多数国家（包括美国）仍采用氯进行杀菌消毒。但氯消毒会产生一系列氯的副产物。美国、荷兰等国于 1976 ~ 1977 年调查了 113 座城市，结果显示在生活饮用水中普遍存在有害物质 THM_S（三卤甲烷总称，包括氯仿、二氯一溴甲烷、一氯二溴甲烷、溴仿等）。到 20 世纪 80 年代，在水中已发现 2221 种微量有机物，700 多种有机化合物，有 190 种物质被确认为对健康有不利影响。1977 年美国国家癌症研究所（NCI）对饮用水中 309 种耐热生物活性物质进行鉴定和分类，得出 23 种致癌物、30 种致突变物、11 种促癌物及部分致畸物，称为“三致物质”。

1975年日本大阪府对下属20个自来水厂的原水与水厂各净化处理流程中的三卤甲烷（THM_S）含量进行检测，表明大部分的氯仿、二氯一溴甲烷、一氯二溴甲烷都是加氯后形成的。1980年，上海自来水公司对黄浦江原水和自来水中氯仿含量进行检测，结果是在原水中，氯仿年平均含量26μg/L，加氯杀菌消毒后自来水中年平均含量为40μg/L，折点加氯（加氯量超过折点需要量）自来水中氯仿含量年平均为80μg/L，是原水氯仿含量的3倍多。原因是水中含有有机物，加氯后氯与有机物反应生成THM_S副产物。水污染越严重，有机物含量越多，加氯量也多，则产生的THM_S越多，自来水就越不安全。THM_S和近几年研究确认自来水中的卤乙酸，都影响人体的健康，受到国际水界的关注，人们对饮用的自来水存在着担忧。

微生物的健康风险

“病从口入”除上述THM_S物质外，主要是指饮用水中存在的致病微生物（即病源细菌），这些微生物主要在城市供水管网系统（包括屋顶水箱等）中孳生繁殖。原因是：水厂出水时经加氯杀菌消毒后，各类细菌数都达到卫生标准的规定值（注：达到规定值并不是没有了），但当水中的余氯量不够，或出厂水中存在较多有机物，在管网中因氧化有机物（THM_S物质增加）而耗尽了余氯量，使各种细菌重新生长繁殖而超标，进而危害人体健康。

1991年1月，拉丁美洲霍乱大流行，从一个国家蔓延到

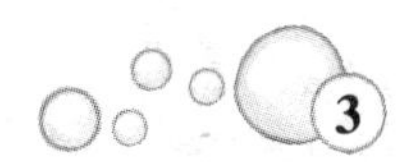

全洲，130 万人生病，1.2 万人死亡，其中重要原因之一是供水管网中的余氯不断氧化水中有机物而被耗尽，使各种微生物孳生繁殖而造成的。1991 年美国自来水协会对流行病的调查结果是：在所有年龄组，每人每年生肠道病 0.66 次，其中 2～12 岁为 0.84 次，而肠道病的 35% 是饮水引起的。1993 年 4 月，美国密尔沃基市供水系统发生隐孢子虫事件，使该市超过 150 万居民受感染，40.3 万人生病，4400 人住院，近百人死亡，主要原因是管网水受到污染。据以后几年统计，美国发生隐孢子虫事件 10 次，英国 21 次，加拿大 4 次，日本 1 次，均造成一定的危害。

因为饮用未经处理过的水，世界上每年有 340 万人死亡，每天有 5000 个儿童因饮用不符合卫生标准的水而得病死亡，每 15min 就有 100 人因水传腹泻类疾病而丧生，这种情况多数发生在发展中国家。

我国城市供水管网系统对水质的污染相对较严重，原因很多，但其中重要原因之一是供水管网陈旧，多数管道的管龄在 30 年以上，有的 50 年以上，锈蚀、结垢、沉淀物严重，易污染水质。根据 20 世纪末对我国大中小具有代表性城市自来水水质的调查，用现行的《生活饮用水卫生标准》（GB5749 - 2006）几个常规指标进行对比为：浊度要求≤1NTU度，水厂出水合格率仅为 54.7%，到管网末梢及用户水龙头基本不达标；耗氧量 COD_{Mn}（高锰酸钾耗氧量）≤3mg/L,则管网水、水箱（池）及用户水龙头水均不合格；细菌总数≤100 个/mL，用户水龙头水合格不到 50%，而氯仿增加了 91.66%。可见，经供水管网的水，不利于人体健

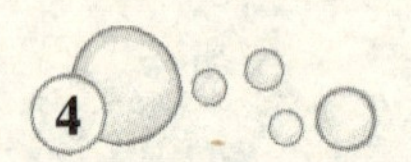

康的因素增加，因此目前自来水龙头的水不应直接生饮，按中国人的习惯应烧开后喝。

20世纪90年代出现的各种直饮水

鉴于上述原因，20世纪90年代初起，社会上出现了太空水、宇宙水、纯净水、蒸馏水、净水、矿泉水、矿化水等名目繁多、五花八门的桶装水、瓶装水。新建居住小区出现了自来水与直饮水两套管网的分质供水。而且都开过由专家参加的鉴定会、评审会，都明确是好水、合格的水、有利于健康的水、可以直接饮用的水。那时广告“满天飞”，报导“日日见”，各有各的理，使广大百姓弄不清究竟喝哪种水为好、为妥、有利于健康。

这种情况越来越引起水专业人员的重视和关注，各自纷纷研究并发表了意见和看法，引起了剧烈的争论。1997年夏季《给水排水》刊物委托同济大学等有关单位，在上海召开《饮用水与健康》专家研讨会（注：发表在《给水排水》刊物1997年第九期上），仍难以达到统一的认识。之后，多名专家、教授联名写信，建议停止争论，让时间与实践来进行检验。从此，报纸上不见报道了，广告也大幅度减少了。1999年建设部制定了《饮用净水水质标准》（CJ94-1999，共38项）。2001年3月中国建筑工业出版社出版了美国马丁·福克斯（Martin Fox）著的《健康的水》小册子，受到同行与各界的认同，从而初步明确了饮用什么样的水有利于健康。

水对人体的重要性和需水量

水对人体的重要性

水是生命之源，是人类可持续发展的保证。从某种角度讲，人类社会的历史，就是人类依靠水而繁衍生长、生存和发展的历史。当你用水和喝水不存在任何问题的时候，你不会知道水的宝贵，一旦失去水，迫切需要喝水而无水时，你才体会到水的珍贵和重要性。人们一定要认识到：水资源是有限的，取之不尽、用之不竭的概念是不对的。水是无法替代的，世界上还没有将来也不会有制造 H_2O 的工厂，但水是可再生的资源。

人体大约由 25% 的固体物质和 75% 的水组成，脑组织大约含有 85% 的水，血液大约含有 90% 的水。在正常情况下，当人体失去 6% 的水分时，就会出现口渴、尿少和发烧等症状；当人体失去 10% ~20% 的水时，就会出现幻觉，甚至死亡。一个人在饥饿时，可以损失 40% 的体重而不至毙命，但如果失去了 20% 的水分，就很有可能死亡。

没有食物，人可存活几周，没有水，几天后就会因脱水而死亡。水对人体的重要性还体现在：消化食物、传送养分至人体各部分组织；排泄人体废物、体液（如血液和淋巴液）循环、润滑关节和各内脏器官以及调节体温等所必须。水是有溶解性矿物质的血液系统的一部分，为人体组织维持健康所需要。

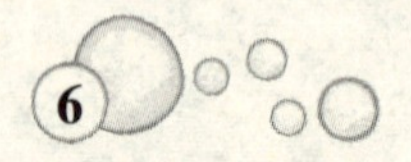

当人体中水分充足时，血液的黏度、关节的软骨组织、血液毛细管、消化系统、ATP（三磷酸腺苷）能量系统和脊柱都正常、有效地工作。但是，当水的消耗受到限制时，身体就会侵害一些部位以保护不同的组织和器官，这样会导致疼痛、组织损伤和各种各样的健康问题。风湿性关节痛是疼痛关节缺水的信号，摄入水和少量的盐可以缓解此病；下背部疼痛和脊椎关节炎是脊椎和脊椎盘缺水的信号，应通过增加摄入水来缓解此类症状；心痛、心绞痛是心、肺中枢缺水的表现，增加饮水摄入可辅助药物来治疗此症状；偏头痛是大脑和眼睛缺水的表现，如果能防止人体脱水，就可以完全治愈此症状；大肠疼痛是大肠缺水的表现，可导致便秘，而水可以滋润肠道，促进排泄；哮喘是人体脱水的一种并发症，水以水蒸气的形式留在体内无法排出，增加水摄入量可预防哮喘发作。

实践证明，当摄入充足的水后，有些健康问题就能得到解决或减轻。

人体每日的需水量

每个人一天需要约 2kg 水。马丁 · 福克斯在《健康的水》中说，人体每天至少需要 6 ~ 8 杯水（每杯 0. 23L，8 杯为 1. 84kg 水）。建议饭前半小时喝一杯水，饭后半小时至两小时再喝一杯，宴席前或上床前再多喝一杯。口渴应当随时用水来满足，越注意身体对水的恒定需求，就会越健康。

在《健康的水》中作者还说，饮用淡水的生理作用与饮用饮料诸如果汁、苏打、咖啡和茶中所含水的生理作用不

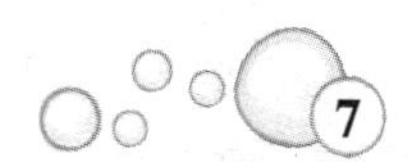

同。实际上，某些饮料如咖啡和茶，含有脱水的成分（咖啡因和茶碱），这些成分会刺激中枢神经系统，同时对肾脏产生强烈的利尿作用。故酒、果汁、苏打、咖啡和茶严格来说不能算作是水，因为它们不属于水合物液体。

通常人们每天只有喝 3 ~ 4 杯的水，有的还不到这个数，这是不够的，仅为 6 ~ 8 杯需要量的 1/2。因此人们不要待到口渴时才喝水，最好每天定时定量喝水。待口渴才喝会逐渐形成慢性脱水，年龄大的人，口渴的感觉不灵敏，更容易形成慢性脱水症，应予重视。

健康水的标准

称“标准”也许不够妥当或确切，它的由来是马丁·福克斯在《健康的水》中，对硬度、溶解性固体物总量（TDS）、pH 值、二氧化硅（SiO_2）物质含量与心脏病、高血压、癌症等之间的关系得来的，有足够的数据和实践依据，提出了健康水中对这些物质的含量值要求，故本书以此值作为标准值进行论述。

水的硬度

无论是地面水还是地下水，都含有一定量的钙（Ca^{2+}）和镁（Mg^{2+}）离子，钙、镁离子在水中的含量称为硬度。它分为：水烧开后能沉淀去除的（如开水壶底的沉积水垢）称为暂时硬度，也称碳酸盐硬度；水加热烧开后不产生沉淀、无法去除的称为永久硬度，也称非碳酸盐硬度。两者之和称为水的总硬度，含有钙、镁离子的水称为硬水。用硬水洗衣服会多消耗肥皂。

钙、镁离子是人体所需要的，有利于健康的矿物元素。1969～1973 年英国区域性心脏病研究分析了 253 个城镇，发现软水地区心血管病死亡数比硬水地区高 10%～15%，水中的钙、镁能降低心脏受冲击的危险，并提出理想的硬度大约是 170mg/L（我国《生活饮用水卫生标准》（GB5749-2006）规定≤450mg/L）；许多研究者认为，摄入足够量的钙、镁有助于降低血压；饮用硬水会降低癌症发病率，研究证明，

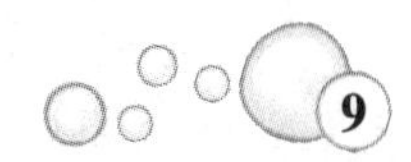

饮用水中含有较高的总溶解性固体（TDS）和硬度将会导致较低的心脏病和癌症的死亡率。

水中总溶解性固体（TDS）

饮用水中的溶解性总固体物（TDS）主要是指无机盐类矿物质，如钙（Ca^{2+}）、镁（Mg^{2+}）、钠（Na^{+}）、钾（K^{+}）、铁（Fe^{2+}）、锰（Mn^{2+}）、铜（Cu^{2+}）等所有矿物质。相对应的阴离子为重碳酸根（HCO_3^-）、硫酸根（SO_4^{2-}）、盐酸根（Cl^-）、硅酸根（$HSiO_3^-$）、碳酸根（CO_3^{2-}）、硝酸根（NO_3^-）等。所有这些离子，主要来源于矿物质的溶解。饮用水理想的 TDS 含量为 300mg/L（属中等含量）我国《生活饮用水卫生标准》（GB5749-2006）规定≤1000mg/L。

TDS 是用来衡量饮用水中所有矿物质的指标。它是健康水的重要组成部分。美国 Sauer 分析了 92 个城市饮用水的 23 个指标特征（“水和死亡危险性的关系”），发现喝高 TDS 水的人们，死于心脏病、癌症和慢性病的机率比喝含低 TDS 水的要少些。美国科学院研究总结说：在美国，理想的饮用水能够使心血管病死亡率减少 15%。英国明确指出：水中 TDS 和心脏病死亡率间有确定关系，TDS 越高，心脏病发病率越少。饮用水中适当含量的硬度和 TDS 是有益的，它们是构成健康饮水的重要指标。美国 Burton 和 Cormhill 分析了 100 个大城市的饮用水，发现如果饮用水有中等含量的 TDS，属硬水、偏碱性，并含有 15mg/L 的二氧化硅（SiO_2），那么

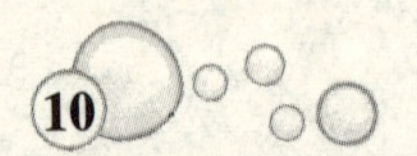

癌症的死亡人数就会减少 10% ~25%。

水的 pH 值

pH 值是氢离子（H^+）浓度的指数，在数值上等于氢离子浓度的负对数，以表示溶液的酸度和碱度。pH =7.0，水为中性；pH >7，水为碱性，数值越大，碱性越强；pH <7，水为酸性，数值越小，酸性越强。

健康的水要求 pH 值偏碱性（pH >7.0，约 7.2 左右），原因是人体的 pH 值偏碱性，则饮水 pH 值与人体 pH 值相一致，较适应；Burton 研究表明，水的 pH 值偏碱性是一个降低癌症死亡率的关键性因素；Schraeder 发现，偏碱性的水引起心血管病少于偏酸性的水。因此，水偏碱性是健康水的指标之一。

水中的钠和二氧化硅

许多研究者认为，减少盐的摄入有助于降低血压。虽然低盐食谱能明显防止高血压，但除钠（Na^+）以外，还有许多因素与高血压有关。吃含钾高的食物，多吃蔬菜，少吃肉都有助于降低或防止高血压。这里要注意的是：食盐是氯化物（NaCl），并非是钠，食盐是使血压升高的一个关键因素。

美国一些研究报告认为饮用水中钠含量高将导致较高的血压。但是大部分研究并不支持这个观点。较多研究报告并未发现高血压和高含钠量饮用水之间的相关性。英国的鲁宾逊、威尔斯，美国的 Schraeder、Sauer、Greathouse 和 Osborne 都研究了这个问题，他们的调查中没有一个能表明饮

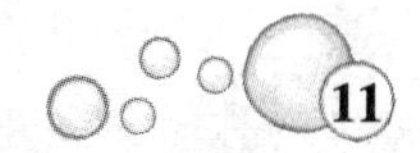

用水含有较高的钠会导致较高的死亡率。事实上，这些研究的一部分还表明较高的钠含量会降低死亡率。20 世纪 90 年代，美国国家环保局（EPA）将钠从 1989 年 6 月前要控制的 83 项指标中除去。

美国心脏协会（AHA）和世界卫生组织（WHO）建议饮用水中的钠含量推荐限值为 20mg/L。我国《生活饮用水卫生标准》（GB5749-2006）无钠含量指标。

研究发现二氧化硅（SiO_2）有相关性，二氧化硅含量越高，患癌症的人越少。饮水中合适的二氧化硅含量为 15mg/L。研究还发现饮用水中含有较高的硒会大大降低癌症发病率。

综合上述，健康水的指标为：硬度 170mg/L；TDS 约 300mg/L；pH 值偏碱性；二氧化硅 15mg/L；钠 20mg/L，含有较高的硒更好。

地下水与地面水

地面水也称地表水，是指包括海水在内的江河、湖泊、水库水（对于生活用水来说，不包括海水）；地下水指埋在地下的潜水、承压水（含裂隙水）等，泉水是地下水的露头。讲地下水与地面水的目的，是为了阐述哪种水接近或属于健康的水，可作为饮用水而有利于人体健康。

这里讲的地下水是指深层两个不透水层之间的承压水，农村中取自表层地下水的土井水不包括在内。

地下水不易受污染

地下水埋藏在地下，在地下渗流，与地面隔绝，因此不易受到地面污染物的污染，水中不含或很少含有有机物、腐殖酸等物质。加氯杀菌消毒一般不会或很少产生氯化副产物二卤甲烷（THM_S）等，假如有的话，也是在供水管网中产生的。三卤甲烷、卤乙酸等是公认的对人体健康产生危害的物质，地面水因受到有机物污染，加氯消毒后会产生 THM_S 等副产物，而且水在供水管网流动过程中，氯会继续氧化有机物，THM_S 等含量会进一步增加。由此可见，地下水比地面水优越，产生危害物质极少。

地下水总溶解性固体（TDS）高于地面水

无论是地面水还是地下水，都含有一定数量的硬度和总溶解性固体（TDS），但地下水中的硬度和总溶解性固体高

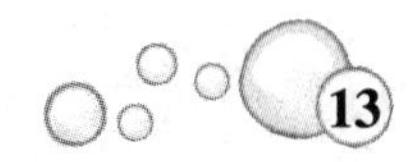

于地面水，更接近于健康水标准。

地下水在地下岩层的缓慢渗流过程中，不仅悬浮物和胶体物质已基本被去除，使水清澈，而且沿途溶解了钙、镁、钠、钾、铁、锰、铜、碘、锌、硒、硅等矿物质。至于溶解矿物质的成分与数量多少，取决于地下水流经岩（地）层的矿物质成分、地下水埋深以及与岩层的接触时间等。我国地下水因水文地质较复杂，溶解性固体量相差较大，但大部分地下水的总溶解性固体量在200~500mg/L之间，接近或符合健康水标准300mg/L的要求。

我国不少地区的深层地下水，含有丰富的、多种有利于人体健康的矿物元素，如含有锂、锶、锌、溴、碘、硒等微量元素，能补充人体对这些矿物元素的需要和调节人体的酸碱平衡。这些地下水往往作为矿泉水开发，以桶装、瓶装等作为饮料销售。

地面水中也溶解一定量的矿物元素，但成分和数量都少于地下水，一般总溶解性固体在50~500mg/L之间。有的地面水中总溶解性固体达不到300mg/L，故在水的处理过程中应尽量保持这些溶解性固体，以满足人体对矿物质的需要。但如果地面水受工业废水的污染，而水中含有重金属无机物汞（Hg）、镉（Cd）、铅（Pb）、铬（Cr）、银（Ag）、砷（As）及氢化物、氟、硝酸盐、亚硝酸盐等对人体有毒有害的物质，应予以重视，尽可能去除或另选水源。

地下水中的硬度

地面水和地下水中都含有一定量的硬度，但地面水少于

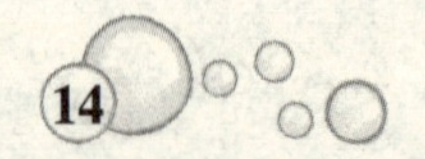

地下水。江河湖水中的总硬度一般均在15～30mg/L（以CaO计），远低于标准值170mg/L；地下水中的总硬度通常在60～300mg/L（以CaO计），少数地区大于300mg/L。基本上接近或达到健康水170mg/L的要求。当然总溶解性固体中包括钙、镁硬度及钠在内。

地面水中二氧化硅（SiO_2）含量很少。地下水中含有一定量的二氧化硅（SiO_2）但多数地区的地下水中二氧化硅含量达不到15mg/L。这里还要提及的是含铁、锰问题。铁和锰是一对“孪生兄弟”，相伴共存。我国《生活饮用水卫生标准》（GB5749-2006）规定：铁≤0.3mg/L；锰≤0.1mg/L。地面水含铁、锰量远小于地下水，一般通过自来水厂处理后能达到规定值。地下水中铁、锰含量较高，我国含铁、锰地下水分布又较广，通常情况下含铁量在10mg/L之内，少数地区可高达30mg/L；含锰量一般不超过2～3mg/L，个别也有高达10mg/L。因此，对于地下水大多要进行除铁除锰处理后才可饮用。

由上可知，地下水的硬度、总溶解性固体基本上符合健康水的要求，并含有一定量的钠、二氧化硅及微量的锂、锶、碘、硒等有益于人体健康的矿物元素。从饮水与健康来说，饮用地下水更有利于人体健康。地面水上述物质的含量虽然低于地下水，但仍含有一定量的对人们健康有益的矿物质，因此在水处理过程中应尽可能地给予保留，尽可能不被去除。

净水与纯水

市场上桶装、瓶装作为商品出售的直接饮用水有：纯水（分高纯水和纯水）、蒸馏水、矿泉水、矿化水、净水等，总称为直接饮用水，简称为直饮水。所谓“太空水”、“宇宙水”（注：这种名称都不确切、不应使用）指的就是纯水。这里要讨论的是在这些名目繁多的直饮水中，究竟饮用哪种水有利于人体健康？为讲清楚这个问题，对这些水作一个概要的介绍。

纯水

纯水（即纯净水）是指进行一定深度除盐处理的水，它的纯度用表示含盐量的 ppm（mg/L）和电阻率 ρ（MΩ-cm，即兆欧-厘米）表示。水越纯，ppm 数量越小，ρ 值越大，这里指的含盐量就是总溶解性固体量。根据处理程度的不同，纯水又可分为除盐水（又称初级纯水）、纯水（又称去离子水或深度除盐水）、高纯水、超纯水。

除盐水（初级纯水）的含盐量大致在 1~5mg/L 范围内，电阻率 $\rho < 10$MΩ-cm；一般纯水（去离子水或深度除盐水）含盐量低于 1.0mg/L，电阻率 $\rho = 10 \sim 15$MΩ-cm，市场上销售的饮用纯水（桶装或瓶装）就是这种水；高纯水电阻率 $\rho = 15 \sim 18$MΩ-cm；超纯水电阻率达 18MΩ-cm，水的纯度为 99.99999%，微量电解质含量 10~20μg/L。

它们在处理过程中的共同点是：都以自来水为水源，都

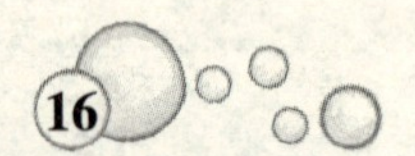

经过预处理（细砂或双层滤料过滤及活性炭吸附过滤等前处理）；对于初级纯水和纯水的后续处理分为复床式阴阳离子交换除盐及膜法（反渗透、电渗析等）除盐，或两者组合除盐，根据处理水质要求不同，处理工艺组合也不同。高纯水、超纯水处理工艺极为复杂，这里不进行论述。

蒸馏水

蒸馏水是把水加热汽化，再使蒸汽冷凝而得。原水为自来水，采用“蒸馏水发生器”生产蒸馏水，用“蒸馏水收集装置”收集，用少量消毒剂杀菌和稳定水质，然后灌装到桶或瓶。

“蒸馏水发生器”可分为：多级闪急蒸馏、长管垂直蒸馏、多级多效蒸馏和蒸汽压缩蒸馏等。蒸馏水的电阻率 ρ = 0.1～1MΩ－cm，从纯度来说，纯水比蒸馏水好一个数量级。蒸馏水基本上无或极少含有硬度和溶解性固体，从饮水与健康来衡量，蒸馏水不属于健康饮用水，但医疗用水必备。

天然矿泉水

天然饮用矿泉水是深层地下水经开采检测，其矿物元素种类和数量均需达到和符合国家规定的矿泉水标准值。它是把深层天然地下矿泉水经开采后，经过精密过滤或微机过滤，再消毒杀菌进行灌装而成。

按可溶性固体量和不同用途，天然饮用矿泉水又可分为：可溶性固体大于1000mg/L的盐类矿泉水；可溶性固体小于1000mg/L的淡矿泉水和特殊成分饮用矿泉水，如游离

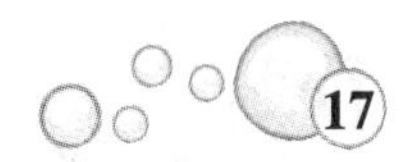

二氧化碳大于1000mg/L的碳酸水，硅酸含量大于50mg/L的硅酸水等。

天然饮用矿泉水不仅含有足够量的硬度和溶解性固体，还含有一定量的钠、二氧化硅、锂、锶、溴、碘、锌、硒等有益于人体健康的矿物元素。天然矿泉水是理想的健康饮料，属于纯自然产品，具有良好的口感，并提供人体所必需的矿物质、电解质和多种微量元素。配合维生素饮用可增进骨骼、身体组织、肌肉、血液和神经细胞的健康。镁对神经和肌肉来说是非常重要的元素，钙可增进牙齿健康和骨骼强健，特别是硒，被称为人体微量元素中的抗癌之王，人体缺硒将会产生多种疾病。同时，硒还有其他营养元素无法具备的特殊功能，如减轻放射线、微波对人体的伤害。世界卫生组织（WHO）将硒定为21世纪继碘、锌之后必补的第三大营养元素。因此，天然矿泉水是名副其实的健康水，在一定程度上可称为“保健饮料”。

人工矿化水

人工矿化水亦称人工矿泉水，市场上销售的没有“人工”两字，直接称矿泉水或矿化水，其水中的主要矿物元素种类和含量按矿泉水标准配制而成，因此也属于健康的水。

人工矿化水以自来水为原料，进一步进行净化处理（即深度处理），再矿化和杀菌消毒制备而成，即把深度处理后的无臭无味、清澈透明的水进入事先设计好的装有矿石的装置内进行矿化，成为含有人体所需要的钙、镁、钾、硒、氡、锶等多种微量元素和矿物质的矿化水，再消毒后灌装，

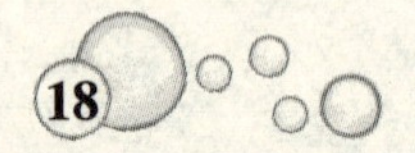

成为市场上销售的饮用矿泉水。

饮用净水

饮用净水亦称优质饮用水，是直饮水中的一种，它以自来水为水源，进一步进行深度处理，去除有机物及对人体健康不利的物质，包括微量重金属元素，水质达到《饮用净水水质标准》（CJ94-1999）的规定，各项指标均达到或优于美国、世界卫生组织（WHO）和欧共体标准，Ames 试验为阴性，可直接饮用。净水的特点是去除了对人体健康不利的物质，保留了自来水中原有的硬度、溶解性总固体、人体需要的微量矿物元素，属健康水范畴。

饮用净水的制取是，先把自来水进行细过滤（即小颗粒石英砂过滤或小颗粒无烟煤与石英砂双层滤料过滤），再进行吸附过滤（主要是较粗颗粒的大孔径活性炭吸附过滤），然后是精密过滤（各种精密过滤器或硅藻土过滤器等），最后是消毒灭菌和灌装。杀菌消毒可采用紫外线、臭氧及 SC 型杀菌灭藻除垢器等。为防止二次污染，一般不采用氯消毒，以免产生 THM_S 和再次产生氯味。目前居住小区分质供水主要采用的是饮用净水供水系统。

纯水与净水

上述简要地阐述了目前市场上销售的各种商品水，但主要的、销售量大的是纯水和净水两种。对这两种水究竟饮用哪一种有利于人体健康，从 20 世纪 90 年代起开始争论，各说各有理，现在可以有个了断和结论了，衡量的依据和标准

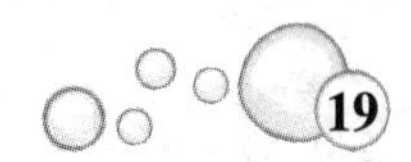

就是上述健康水的指标。

现在用健康水的指标来讨论、衡量一下纯水：

电阻率 $\rho = 10 \sim 15 M\Omega - cm$；

总溶解性固体 $< 1mg/L \approx 0$；

水的硬度（Ca 和 Mg 总量）≈ 0；

钠、钾、二氧化硅及各类矿物质 ≈ 0；

pH 值 $\leqslant 6.8$，偏酸性。

纯水可以说只存在 H_2O，基本上无其他物质，从饮水来说，水并不是越纯越好，可以明确地说，纯水不属于健康的水。大家知道，人体所需的矿物元素，1/4 是饮水供给的，饮用纯水不仅这 1/4 的矿物元素不能供给，反而会排泄掉人体内的矿物元素。主张喝纯水的有关食品专家认为："这1/4的矿物元素可以从食物中得到补给"。但却忽略了纯水是一种极好的溶剂，食物补充的矿物元素及体内的部分矿物元素很容易溶解到喝入的纯水中而被排泄掉。

马丁·福克斯在《健康的水》中说："饮用水中的矿物质要比食物中的更容易、更好地被人体吸收"。纯水如果被少量有害物质污染，则危害更大。《健康的水》中论述说："不含任何有益矿物质的脱盐水中，任何有害物质的作用会被放大，脱盐水中少量的有害物质就会比硬水中同等量的有害物质对我们的健康产生更有害、更消极的作用"。

纯水，处理工艺复杂，制水成本高，对饮水来说，实属"好心做坏事"。因此，纯水作为饮料是可以考虑的，因为喝的量较少，但作为饮用水则不够妥当。还要特别提醒的是：儿童和老年人不应喝纯水，更不应长期饮用纯水，否则会影响或损害身体健康。

从上述对纯水的分析中可知：净水比纯水好，因为净水保持了自来水中原有的硬度、总溶解性固体、钠、钾、二氧化硅及有益于人体健康的多种矿物元素。从饮水与健康来说，对这两种水应饮净水，不饮纯水。“农夫山泉”和其他净水产品一上市就受到大家的欢迎，原因就在于它们含有丰富的对人体有益的多种矿物元素。

生活饮用水卫生标准

生活饮用水水质标准的发展

近60年来，我国生活饮用水水质标准经历了从无到有，水质项目从少到多，从不齐全到基本齐全，从低标准到高标准，从一般供水到健康饮水，直到与国际先进水平接轨的全过程。

新中国成立初期我国没有生活饮用水水质标准，只有上海、广州、武汉、天津、北京等少数城市有自来水供应，供水范围也较小，一般居住区仅设集中供水点。那时生活水平低，人们公认自来水是清洁的好水，能饮用到自来水就是一种享受，仅满足于有水用、有水喝。

1954年用水率有了较大提高，卫生部第一次拟订了自来水水质暂行标准草案，共16项指标，其中微生学指标3项。1955年起在北京、天津、上海、武汉等12个大城市试行，第一次把饮水与健康卫生结合起来。1959年经建设部和卫生部批准，定名为《生活饮用水卫生规程》，在全国城市实施。虽然不称为标准，但这是一个从无到有的过程，第一次有了衡量水质的指标，而且此后连续使用了20多年。

1976年卫生部组织制定了《生活饮用水卫生标准》（TJ20-76），共23项指标，比原来增加了7项，其中微生物学3项，感官性及一般化学12项，毒理学8项。经基本建设委员会及卫生部批准后，第一次作为标准实施。1985年卫生部对这23项标准进行了修订，增加到35项，其中第一次出现2项放射性指标，修订后的《生活饮用水卫生标准》(GB5749-85)，于1986年起全国实施，一直使用到21世纪初。在这20年中，相继还颁布了有关水质标准和相关文件。

首先是1993年建设部根据中国城镇供水协会对100多个城市的调查研究情况，制定了《中国城市供水行业2000年技术进步发展规划水质目标》（以下简称“水质目标”），共88项（无机物指标22项，有机物指标24项，农药9项，消毒剂及消毒副产物4项，感官指标22项，微生物指标5项，放射性指标2项），基本上是参照20世纪80年代欧共体的《饮用水水质指令》和WHO的《饮用水水质准则》制定的。与GB5749-85相比，增加了53项，浊度从≤3NTU提高到≤1NTU。把供水行业按规模大小分为4种类型，分别提出了不同的水质目标和检测项目。“水质目标”对人体健康不利的物质提出了严格的限量值，大大促进及提高了人体的健康，是我国对饮用水的一个突破性进展，当时是作为2000年争取达到的水质目标提出来的，它为后来高标准制定饮用水水质标准奠定了基础，应该说，“水质目标”是初次向国际先进水平靠拢的尝试。

以后从1999年到2006年又先后颁布了《饮用净水水质标准》(CJ94-1999)、《生活饮用水卫生规范》、《城市供水水质标准》(CJ/T206-2005)及《生活饮用水卫生标准》(GB5749-2006)。项目逐渐增多、标准越来越严、要求越来越高、对人体健康越来越有利。

从上述过程可见，水质标准的提高是与经济发展和人民生活水平提高密切相关的。1985 年之前的 30 多年时间中，由于各种原因，经济发展缓慢，人民生活水平的改善和提高也相应比较迟缓，因此，在这段时间里，水质指标项目少，标准低，改变慢，对饮水与健康问题考虑较少。自 20 世纪 80 年代起，改革开放步子加快加大，国民经济出现持续高速发展，人民生活水平迅速而持续地提高，人们对健康长寿的期望也日益关切，因此对饮水与健康也日益重视和讲究。在这段时间里，水质标准变更频繁，水质检测项目日益增多，指标值不断提高，更趋严格，逐渐与国际先进水平接轨。

《饮用净水水质标准》(CJ94-1999)

《饮用净水水质标准》（CJ94-1999）由建设部 1999 年制定，2000 年颁布实施，共 38 项指标，基本上均为常规检测项目。其中微生物学指标 4 项，感官性及一般化学指标 17 项，毒理学指标 15 项，放射性指标 2 项。

CJ94-1999 是针对 20 世纪 90 年代中后期大量出现的优质桶装水、瓶装水、居住小区分质供水等情况制定的，故也可称“直饮水水质标准”或“优质饮用水水质标准”。水质项目虽然不多，但标准的指标值要求高，相当严格，有的高于 WHO 和欧共体标准。如耗氧量 COD_{Mn}值（可反映水中有机物含量的多少），WHO 和美国没有此项目，欧共体 20 世纪 80 年代定为 $COD_{Mn} \leqslant 5mg/L$，1998 年修改后为$\leqslant 3mg/L$，而 CJ94-1999 标准定为 $COD_{Mn} \leqslant 2mg/L$，这是一项要求相当

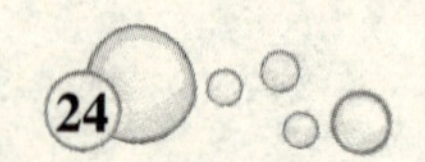

高、相当严的标准值。

《生活饮用水卫生规范》

《生活饮用水卫生规范》于2001年6月卫生部颁布，共96项指标，其中微生物学指标4项，感官性及一般化学19项，毒理学71项，放射性2项，常规检验项目34项，非常规检验项目62项。

《生活饮用水卫生规范》是参考了WHO和世界有关国家的水质标准，结合我国的具体情况制定的。"规范"就是"要符合"、"要做到"的意思，实际上就是"标准"，是一个初步与国际先进水平接轨的标准。

《城市供水水质标准》（CJ/T206-2005）

《城市供水水质标准》（CJ/T206-2005）是建设部颁布的行业标准，于2005年6月1日起实施，共93项指标（按细项分为101项）。其中微生物学指标8项，感官性及一般化学指标21项，毒理学指标62项，放射性2项。常规检验项目42项（按细项计为49项），非常规检验项目51项。

CJ/T206-2005标准是参考了WHO、美国、日本、欧共体等先进国家现行的水质标准，在"2000年水质目标"和卫生部的"卫生规范"基础上，结合我国国情和实践，经过认真的分析研究而制定的，是当时供水行业的一个重要举措，贯彻了"以人为本"的原则，立足于人体健康。达到CJ/T206-2005水质标准的水，可以直接饮用，所以它是一个与世界先进水平接轨的标准。

《生活饮用水卫生标准》(GB5749-2006)

《生活饮用水卫生标准》（GB5749-2006）是卫生部2006年12月29日发布，2007年7月1日开始实施，是中华人民共和国国家标准，代替1985年的GB5749-85标准。它是在2001年6月颁布的《生活饮用水卫生规范》（共96项指标）基础上修改制定而成的。是新中国成立以来我国水质标准中项目最多、要求最高、指标最严的标准，是完善与国际先进水平接轨的标准。达到此标准的水可以直接饮用（喝生水）。因此对我国来讲，也可称“直饮水标准”。

GB5749-2006标准共105项指标，其中微生物学指标6项，感官性及一般化学指标20项，毒理学指标73项，消毒药剂4项，放射性2项，常规检验指标43项，非常规检验指标62项。在毒理学指标中，对氯消毒的副产物三卤甲烷（THM_S）中的三氯甲烷、一氯二溴甲烷、二氯一溴甲烷、三溴甲烷等作了严格的限值，这对身体健康大为有利。

自来水达到GB5749-2006水质标准，即可直接生饮，则自来水替代了饮用净水，那么瓶装、桶装净水（即优质饮用水）和居住小区的分质供水等都没有必要存在了，均被自来水替代了。原因很清楚：《饮用净水水质标准》共38项，而GB5749-2006标准为105项，而这105项中包括《饮用净水水质标准》的38项，规定的指标值也基本相同，仅COD_{Mn}值在GB5749-2006标准中为≤3mg/L，《饮用净水水质标准》

中为≤2mg/L，而欧共体等水质标准中 COD_{Mn} 值均≤3mg/L，均为直饮水，故 GB5749-2006 是与世界先进水平接轨的标准。应该说 GB5749-2006 标准比《饮用净水水质标准》更全面、更科学、更严格。《饮用净水水质标准》是建设部颁布的行业标准，GB5749-2006 是国家标准，国家标准高于行业标准，全国都必须执行。因此可以说 GB5749-2006 标准取代了《饮用净水水质标准》，可见《饮用净水水质标准》实际上是"名存实亡"了。

有人说，饮用水仅占生活用水量的 2%，把自来水处理到直接饮用水的标准，提高了制水成本，而 98% 不直接饮用，有没有必要。对这个问题应有新的、全面的认识，根据国外较多的调查研究资料表明：水中的矿物元素除直接饮水吸收外，还通过洗澡时皮肤和口腔呼吸吸收，如果不处理到饮用水标准，则水中不利于健康的物质洗澡时也会通过皮肤和口腔呼吸吸收。皮肤吸收和口腔吸入的矿物元素比例占 60% 以上，而洗澡的用水量占整个生活用水量的 52%，故不是仅 2%，因此把自来水处理到直接饮用净水标准还是有必要的。

这里需要提及的是：GB5749-2006 标准中规定的各项指标值，是指用户水龙头的出水水质，包括城市供水的管网末梢水质。因此自来水厂的出水水质要好于、优于 GB5749-2006 标准中的各项规定值，这就要求做到：一是加强和改造自来水厂净水处理工艺，如水厂常规处理前设预处理，后设活性炭吸附过滤等深度处理，做到出厂水水质好于、优于

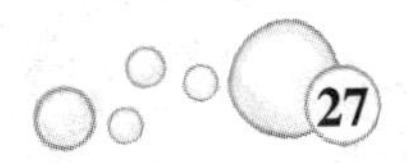

GB5749-2006 标准的各项规定值；二是要防治供水管网系统的二次污染，特别是防治旧管道和屋顶水箱的二次污染，保证用户水龙头水质的各项指标符合 GB5749-2006 的规定值。

浊度和 COD_{Mn} 值的重要性

GB5749-2006 标准有 105 项指标值，每项指标都有其出发点、目的和意义。如对人体不利的物质，在规定值的范围内长期饮用，基本上对人体的健康是无害的；对于人体所需要的矿物元素，在规定值范围内长期饮用，对身体的健康是有益的。把浊度和 COD_{Mn} 值专门从 105 项列出来进行阐述，是因为在一定程度上它们是具有综合性、代表性、典型性和重要性的指标。

浊度

浊度是浑浊度的简称，是衡量饮用水水质好与差的重要指标，从技术意义上讲，是用来反映水中悬浮物含量的一个水质替代参数；从水质的综合性来讲，浊度的高与低又能反映其他一些物质含量的多与少；从水中的微生物（主要是细菌）来讲，主要附着在水中的悬浮物上，水的浊度低，则悬浮物含量少，细菌就失去了附着体，也就失去了生存的条件。因此浊度指标很重要，具有一定的代表性和典型性。

浊度是一个感官性状指标，当超过 10 度时会令人深感不快。我国水质标准中浊度的规定值是逐步提高的，1955 年《生活饮用水卫生规程》浊度定为≤5 度；1976 年和 1985 年的《生活饮用水卫生标准》（即 JT20-76 和 GB5749-85）浊度定为≤3 度；以后 1993 年的《中国 2000 年供水规划水质目标》、1999年的《饮用净水水质标准》（CJ94-1999）、2001年的《生活饮用水卫生规程》、2005年的《城市供水水质标准》（CJ/T206-2005）及2007年7月1日实施的《生活饮用水卫生标准》（GB5749-2006），规定的浊度值均定为≤1度，是与国际先进水平接轨的值。对浊度有以下三种测定和表示方法：

JTU表示法：以硅藻土或高岭土作为浊度标准液，用杰克逊蜡烛浊度计测得的浊度表示单位；

NTU表示法：以甲蜡作浊度标准液，用散射光浊度仪测得的浊度；

FTU表示法：采用透射光浊度仪测得的浊度。

采用两种不同的浊度标准液和3种测试仪，所得的3种结果不存在物理学上的等量关系。从根据实测结果比较，1JTU与1NTU的数值基本较接近。由于NTU浊度采用化学试剂在严格控制的条件下制成标准液进行测定，因此采用NTU作为国际、国内的通用标准。

水中病菌、病毒以及其他有害物质，均会依附于产生浊度的悬浮物中。因此降低水的浊度，不仅是感官性状要求，对限制水中病菌、病毒以及其他有害物质含量，具有积极而重要的意义。发达国家对浊度的控制相当严格，他们的观点是浊度不仅直接影响消毒杀菌效果，而且与隐孢子虫的去除率密切相关。日本等国城市的自来水厂出水平均浊度在0.1NTU以下，管网中的浊度在0.5NTU以下，保证用户水龙头出水浊度在1NTU以下。

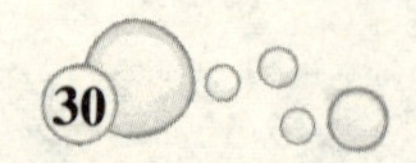

我国研究资料表明，水中浊度与有机物含量关系密切。当水中的浊度为2.5NTU，水中有机物去除27.3%；浊度降至1.5NTU，水中有机物去除60.0%；浊度降至0.5NTU，水中有机物去除了79.6%；浊度降至0.1NTU，绝大多数有机物都予以去除，致病微生物的含量大大地降低。有机物含量的降低，减少了加氯消毒后产生的副产物，特别是减少了三卤甲烷和卤乙酸的含量。

从上述可见，浊度低的水、病菌、病毒、有害物质、有机物等含量少，加氯消毒产生的副产物也少。说明浊度越低，水质越好，对人体健康越有利。

COD_{Mn}值

COD是化学需氧量，是指一升水中能被氧化的物质在被化学氧化剂氧化时，所需要氧的量，单位为mg/L。是目前用来测定水中有机物含量的一种最常用的手段和方法。

测定COD的氧化剂，常用的为重铬酸钾和高锰酸钾两种。重铬酸钾一般用于污废水中的有机物含量测定，表示法为COD_{Cr}；高锰酸钾一般用于生活饮用水中有机物含量的测定，表示法为COD_{Mn}。因高锰酸钾的氧化能力比重铬酸钾的氧化能力低，故用高锰酸钾作为氧化剂所测得的COD值，常较重铬酸钾法所测得的COD值为低。所以用高锰酸钾法所测得的COD值又称耗氧量，《生活饮用水卫生标准》中，就是以“耗氧量（COD_{Mn}法，以O_2计，mg/L）表示”。又称高锰酸盐指数，也称高锰酸钾消费量。

COD_{Mn}值的重要性主要反映在以下方面：

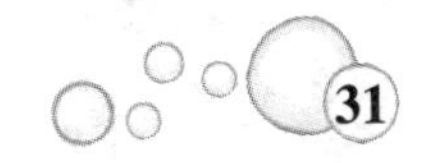

耗氧量是评价水体水质的重要指标：我国地面水环境质量标准中规定，Ⅰ类水体 COD_{Mn} ≤2mg/L；Ⅱ类水体 COD_{Mn} ≤3mg/L；Ⅲ类水体 COD_{Mn} ≤6mg/L；Ⅳ类水体 COD_{Mn} ≤10mg/L；Ⅴ类水体 COD_{Mn} ≤15mg/L。Ⅲ类以上的水体属于微污染到严重污染，COD_{Mn} >6mg/L 以上，说明水中有机物含量高，这类水体如作为自来水厂取水水源，则处理后的 COD_{Mn} 值很难达到≤3mg/L的规定值。因此 GB5749－2006 标准在限值中特别注明："原水耗氧量>6mg/L 时，出水厂 COD_{Mn} ≤5mg/L"。可见原水的 COD_{Mn} 值影响水厂出水的 COD_{Mn} 值。

耗氧量与水的异臭呈正相关：根据地面水耗氧量与异臭的调查数据表明，水的异臭与耗氧量之间呈明显的相关性。调查资料显示，耗氧量超过 0.75mg/L 时，对该水体的异臭问题应加以密切注意；当耗氧量达到 1.25mg/L 时，水体可能发生异臭；当受污染的原水耗氧量达到 6mg/L 及以上时，经水厂处理的水一般都有不良的臭味。

氯化消毒副产物与耗氧量呈正相关：在自来水厂对水进行杀菌消毒分为一次加氯和二次加氯两种。一次加氯是指氯加在水经过滤之后出水厂之前；二次加氯是把第一次氯与水处理药剂一起投加或单独在沉淀池前投加，称预加氯或前加氯；第二次仍在过滤后投加。目前采用二次加氯的相对较多。现用 A、B 两种水源（见表 1）来说明耗氧量与氯化消毒产生副产物的相关性。从表 1 可见，A 水源耗氧量大（6.7mg/L），说明水中有机物含量多，原水受到一定程度的污染，加氯量也大，产生的 4 种氯化消毒副产物（氯仿、一氯二溴甲烷、一溴二氯甲烷及溴仿）的量远大于 B 水源产生的量。从表1还可见：无论是A水源还是B水源，除氯仿外，第二次加氯后产生的副产物量大于第一次加氯产生的量，说明水中仍存在有机物，余氯与有机物在继续反应，从而使副产物量增加。

原水耗氧量与加氯产生的副产物量 **表1**

水质项目	A水源		B水源	
	前加氯	后加氯	前加氯	后加氯
原水耗氧量（mg/L）	6.7	5.7	1.7	2.6
加氯量（mg/L）	8.5	8.8	3.3	5.7
游离氯（mg/L）	1.3	1.0	1.1	2.1
氯仿（μg/L）	49.7	34.8	27.7	15.6
一氯二溴甲烷（μg/L）	48	48.7	5.5	14.8
一溴二氯甲烷（μg/L）	31.3	40.7	2.7	6.9
溴仿（μg/L）	3.6	7.7	<0.26	1.2
TOC（mg/L）	7.2	7.0	1.3	1.9

注：1. 表中的数据为两次测定的平均值；2. TOC为总有机碳；3. 游离氯是指未消耗掉的剩余氯，在水中为保证继续杀菌，一定要有一定量的余氯。

从上述可见：水中有机物含量越高（COD_{Mn}值大），氯化消毒产生的副产物之一的三卤甲烷（THM_S）量就多，而THM_S是公认的潜在致癌物，因而对人体健康的危害也越大。

大量的调查资料和试验数据还说明：水的致癌性与耗氧量存在相关关系。从上述可见，COD_{Mn}值是相当重要的，它可反映较多的因素，更主要的是COD_{Mn}值的大小直接关系到人体的健康。

氯杀菌消毒的副产物

天然水中的有机物

水体中的有机污染物除工业废水和生活污水排放、大气污染、城市与农田径流三个方面之外，天然有机物是动、植物自然循环代谢过程中形成的中间产物，其中主要的是腐殖质，它们是一类含有酚羟基、羟基、醇羟基等多种官能团的大分子缩合物质。根据腐殖质在酸和碱溶液中的溶解度，将其分为腐殖酸、富里酸、胡敏素三个成分。这三个成分在结构上相似，但在分子量和官能团含量上有差别。

水中的有机物，有的本身对人体无害，如腐殖质；有的本身就是有害物质，如被工业废水、农药、生活污水污染的有机物质。无论是无害或有害物质，在氯消毒的过程中，会转化为有害的有机物和中间产物，生成消毒副产物而对人体健康造成威胁。

氯消毒副产物

原水中存在各种类型的有机物，在自来水厂净化处理过程中，采用氯杀菌消毒会产生多种副产物。特别是传统的预氯化工艺，高浓度的氯与原水中较高浓度的有机污染物直接反应，生成氯化副产物的浓度会更高。挥发性三卤甲烷（THM_S）和难挥发性卤乙酸（HAA_S）被认为是两大类主要氯化消毒副产物，它们对人体都具有潜在致癌性和一定的致突变性，是对人体危害最大的两类副产物。其在水中的生成量取决于有机前驱物质的种类和浓度、投氯量、氯化时间、水的 pH 值、水的温度、氨氮及溴化物浓度等。三卤甲烷和卤乙酸的前驱物质主要是腐殖酸、富里酸、藻类和一些具有活性的碳原子（小分子有机物）。

饮用水中三卤甲烷（THM_S）主要有 4 种：三氯甲烷（即氯仿）、三溴甲烷（即溴仿）、一氯二溴甲烷、一溴二氯甲烷。卤乙酸（HAA_S）主要有 5 种：一氯乙酸、二氯乙酸、三氯乙酸、一溴乙酸、二溴乙酸。水中 pH 值升高，三卤甲烷生成量增大，但卤乙酸生成量降低。有氨氮存在时，折点加氯前三卤甲烷产率最低，折点加氯后及有自由性余氯时，三卤甲烷生成量明显增加。近几年来人们发现溴代三卤甲烷对人们的潜在危害更大。当水中有溴化物存在时，溴离子（B_r^-）被次氯酸（HOCl）氧化成次溴酸（HOB_r），而次溴酸比次氯酸更容易与前驱物作用，生成溴代三卤甲烷和溴代卤乙酸，从而造成对人体的潜在危害。

此外，还陆续从自来水中检测出多种其他氯化消毒副产物，如卤代酚、卤乙腈、卤代酮、卤乙醛、卤代硝基甲烷等。Ames 试验结果均呈阳性，均属“三致”物质。

氯消毒副产物在管网中的变化

一个城市的供水是由供水系统及不同直径管道组成的管网输送的。从自来水厂出水到用户，近则几十米、几百米，远则几公里至几十公里。由于管网系统（包括调节水池、二次加压、屋顶水箱及供水的各种附属构筑物及设备等）存在二次污染的各种因素，特别是铺设几十年的旧管道，腐蚀、结垢严重，细菌容易繁殖。因此用户水龙头的水质远差于水厂出水水质，要使用户水龙头的水质达到《生活饮用水卫生标准》（GB5749-2006）规定值，则自来水厂处理后的出水水质必须好于、优于《生活饮用水卫生标准》。如日本对浊度的规定值也是≤1NTU，但水厂的出水达到0.1NTU，要求管网中保持≤0.5NTU,这样才能保证用户水龙头的水达到≤1NTU。

管网中的氯化消毒副产物如三卤甲烷等会不会增加，主要取决于两个条件：一是水中是否仍存在氯；二是水中是否存在产生三卤甲烷的前驱物（有机物）。水在庞大的管网系统流动，为防治微生物的孳生繁殖和二次污染，特别是屋顶水箱和旧管道。要求管网中必须要有一定量的余氯，用来继续杀菌消毒。水质标准规定：水厂出水的余氯必须≥0.3mg/L，一般在1～1.5mg/L；管网末梢必须≥0.05mg/L。可见第一个条件是存在的。水中存在耗氧量（COD_{Mn}），表明存在有机物，故水厂出水中仍存在产生三卤甲烷的前驱物。同时管网中存在微生物所需要的各种营养物，有利于微生物繁殖生长，微生物的新陈代谢、分泌物和残体也是氯消毒副产物的前驱物，因此第二个条件也是存在的。这第一个条件与第二个条件相互作用即氯在管网继续氧化前驱物，与前驱物进行不断地反应，使三卤甲烷等氯化副产物不断增加，造成三卤甲烷等消毒副产物的总量高于水厂出水总量。因此，管网中的水质是变化的，三卤甲烷等消毒副产物是增加的，管网中的水质差于水厂出水。

氯消毒副产物的限值

根据上述，人们是否感到自来水“很危险”，“不安全”，无法饮用了?! 不是的，任何物质有一定量的界限。在某一定量范围内是安全的，不会危及人体的健康。为此，科技人员经过长期的试验和研究，科学而有依据地定出了有关副产物的限值。饮用水对于THM_S一般是限制其总浓度，或限制水中三氯甲烷浓度。美国和英国的饮用水标准规定，自来水中THM_S总浓度的最高允许值为100μg/L。1994年WHO（世界卫生组织）对自来水三氯甲烷和一溴二氯甲烷的参考浓度分别为200μg/L和60μg/L；二氯乙酸和三氯乙酸的参考浓度分别为50μg/L和100μg/L。美国1997年制订的《消毒副产物限制草案》中，自来水中的THM_S的允许浓度定为80μg/L；卤乙酸（HAA_S）的最高允许浓度定为60μg/L，2000年后HAA_S又改为不得超过40μg/L。我国《生活饮用水卫生标准》规定，三卤甲烷总量不得超过100μg/L；卤乙酸总量不得超过60μg/L。可见它们是与世界先进水平接轨的。

饮用水中消毒副产物达到规定限值，是安全的，不会危害人体健康，可以放心饮用。

氯消毒副产物的不可避免性

水中或多或少存在一定量的有机物（即消毒副产物的前驱物），目前我国99.5%的水厂采用氯消毒（美国等至今也仍用氯消毒），如前所述，这是因为氯是强氧化剂，杀菌消毒效果好；有余氯能保持继续杀菌消毒；价格便宜、货源充足、制水成本低，符合我国国情。因此产生氯化消毒的副产物是不可避免的。

我国GB5749-2006标准中对消毒剂规定为4种：氯、一氯胺、臭氧（O_3）、二氧化氯。臭氧是强氧化剂，杀菌消毒效果比氯好，但臭氧易挥发，在水中难以保留，无余氯作用，因此水厂出水时还得加氯，以保证供水管网中的余氯量而继续杀菌消毒。那么用其他的消毒剂代替氯是否不产生消毒副产物呢?《健康的水》中说："许多市政当局正尝试用多种消毒剂取代氯或作为附加消毒剂，这是一种降低氯投加量的方法，但是这些取代物如二氧化氯、氯化溴、氯胺等，也和氯一样危险，我们只是将一种有害化学物质取代另一种"。

既然氯化消毒产生副产物是不可避免的，那么我们的任务和目标就是要想方设法减少和降低副产物的类型和含量，使其小于水质标准中规定的限值。目前主要有三种途径和方法：一是先进行预氯化，然后直接去除已经生成的三卤甲烷等副产物；二是直接去除加氯后可能生成三卤甲烷等副产物的前驱物质；三是用活性炭吸附已生成的氯化副产物。第一种使用少，目前研究和使用较多的是后两种。第二种就是在水厂常规处理之前把原水进行生物处理等预处理，去除水中大部分氨氮、磷及部分有机物，这样可大幅度地减少氯化副产物的前驱物。第三种是在水厂常规处理后采用活性炭等深度处理，吸附去除已生成的氯化副产物。此法效果很好，根据活性炭吸附去除氯化副产物卤乙酸的试验研究证明：卤乙酸中的三氯乙酸去除98.49%，二氯乙酸去除98.01%。目前生物预处理和活性炭深度处理已在新水厂设计和老水厂改造中被广泛采用。

皮肤吸收及温泉沐浴

皮肤吸收与口腔吸入

研究表明，水中的物质，人们在洗澡、淋浴、洗涤等接触中，通过皮肤的吸收和呼吸摄入的量远大于饮水吸入的量。如果水中存在对身体健康有利的矿物质，同时也存在一些对健康不利或有害的物质，则两者均会被皮肤吸收和口腔吸入；如果水中有多种人们需要的矿物元素，而基本上无有害物质，则经皮肤吸收和口腔吸入后会促进人体的健康。

表2是马丁·福克斯在《健康的水》一书中对皮肤吸收与口腔吸入的统计比较表。试验是对有毒有害物质的吸收进行比较的，而且计算是仅基于手上皮肤的吸收率，而手上皮肤与身体其他各部位的皮肤相比，更能抵挡有害物质，身上的皮肤比手要更敏感，吸收率会更高。

皮肤吸收与口腔吸入的平均比值 **表2**

名　称	皮肤吸收（%）	暴露时间	口腔吸入（%）	水的消耗量（L）
成人洗澡	63	15min	27	2
婴儿洗澡	40	15min	60	1
儿童洗澡	88	1h	12	1
总平均值	64		36	

如果自来水已达到《生活饮用水卫生标准》（GB5749-

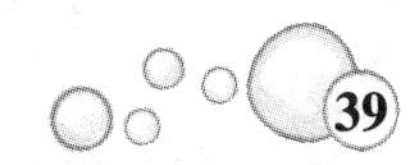

2006）的水质，则饮水、洗澡或淋浴、洗涤等均是安全的。它属于健康水的范畴，不会产生对人们不利的因素。但问题是目前自来水还难以全部达到 GB5749－2006 水质标准，在这种情况下，最好设两只家用过滤器：一只用于洗澡水，去除水中挥发性有机物及对人体健康不利的物质，使皮肤吸收和口腔（呼吸）摄入的是有利于人体健康的矿物质；另一只过滤器安装在水龙头，用于饮用水，同样是去除水中对人体有害的不利物质，使人们饮入有利于健康的矿物质。

温泉沐浴

温泉是地下水中的承压水经开采或自喷冒出地面的水，水温至少在 20℃以上，一般温泉常在 40℃左右或以上。温泉水在地下深处缓慢地渗流过程中，溶解了对人体健康有益的各种矿物元素，不仅硬度、溶解性总固体物、二氧化硅等含量符合健康水的要求，而且还含有对健康有益的而又稀有的锶、硒、碘等矿物质，其水质与矿泉水类似，是优质的健康水。

人们喜欢专门到温泉浴室、有的远距离专程赶到温泉所在地进行沐浴、浸泡和洗澡是有道理的。这不仅是一种享受，更主要的是通过沐浴，皮肤和口腔吸收了温泉水中大量有益于人体健康的各种矿物质。因此，有条件和可能的话，每一周进行一次温泉浴，对人体健康大有裨益。

结　论

水是人体不可缺少的物质，每天需水量为2kg左右。饮水与健康有密切关系，健康水的指标是：硬度约170mg/L左右；溶解性总固体300mg/L左右；pH偏碱性；二氧化硅15mg/L左右；钠20mg/L左右。

矿泉水（含矿化水和泉水等）是健康的水；净水、达到GB5749-2006水质标准的水属于健康水的范畴；地下水不易污染，所含矿物质高于地面水，饮用地下水更有利于健康；蒸馏水、纯水不属于健康水，可以作为饮料少量饮用，但不宜长期而大量饮用，特别是儿童和老年人更不能饮用。

水的浊度越低，水中的病菌、病毒及微生物越少，水中含有的有机物及微量有害物质越低，水质越好。耗氧量COD_{Mn}值小，说明水中有机物等含量少，用氯消毒产生的副产物三卤甲烷、卤乙酸等对人体健康不利的三致物少，对人体健康有利。供水管网中的三卤甲烷等氯消毒副产物高于自来水厂出水中的副产物。目前用氯消毒产生的副产物是不可避免的，问题是要设法降低和减少氯消毒副产物，使其含量在GB5749-2006标准的限值之内。方法是把原水进行生物等预处理，去除部分产生副产物的前驱物；采用活性炭吸附等深度处理，去除部分已生成的消毒副产物。

试验研究表明，洗澡、淋浴、洗涤等皮肤吸收和口腔呼吸摄入的水中物质大于饮水吸入量。因此，对于洗澡、淋浴、洗涤的水应采用安全的、符合健康的水。对于目前自来水还未达到GB5749-2006水质标准值的，采用家用净水过滤器是必要的。温泉水是健康的水，温泉沐浴有利于身体健康。

主要参考文献

[1] 马丁·福克斯著．罗敏、周容译．健康的水．北京：中国建筑工业出版社，2001 年 3 月．

[2] 钟谆昌．水—人类的生存问题．2002 年 10 月华东地区给水排水年会论文集．

[3] 钟谆昌、朱月海等．饮水与健康专家谈．给水排水，1997 年第 9 期，1 ~ 4.

[4] 朱月海．优质饮用水的由来、现状及发展趋势．1996 年 10 月第 10 届华东地区给水排水年会论文集，华东给水排水，1997 年第 1 期．

[5] 朱月海．浅析优质饮用水．给水排水，1996 年第 9 期．

[6] 朱月海．自来水与饮用水．2002 年 10 月第 13 届华东给水排水年会论文集，华东给水排水，2002 年第 4 期，2 ~ 4，福建给水排水 2003 年第 1 期．

[7] 朱月海．浅析城市供水与国际先进水平接轨．2004 年 10 月第 14 届华东给水排水年会论文集．给水排水，2005 年第 11 期，15 ~ 18.

[8] 朱月海．出厂水水质不稳定对二次污染的影响．2006 年 10 月第 15 届华东给水排水年会论文集．华东给水排水，2006 年第 1 期．

[9] 朱月海．优质饮用水及其处理工艺剖析．1999 年 11 月第 6 届上海市给水排水年会论文集．上海给水排水，2000 年第 1 期．

[10] 马晓东、蔡国庆等．水中有机成分及其对饮用水水质的影响．给水排水，1999 年第 5 期，12 ~ 14.

[11] 刘文君、贺北平等．饮用水中消毒副产物卤乙酸测定方法研究．给水排水，2004 年第 8 期，38 ~ 40.

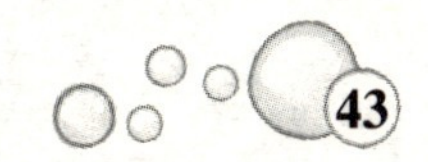

[12] 万蓉芳、高乃云．颗粒活性炭吸附饮用水中卤乙酸特性研究．给水排水，2005 年第 12 期，5 ~ 10.
[13] 陈超、张晓健等．常规工艺中消毒副产物季节变化研究．给水排水，2006 年第 7 期，15 ~ 19.
[14] 张朝辉、吕锡武．三卤甲烷在臭氧工艺中的形成与控制．给水排水，2007 年第 4 期，7 ~ 10.
[15] 深圳市自来水公司主编．国际饮用水水质标准汇编．北京：中国建筑工业出版社，2001 年 10 月．

检133

责任编辑：俞辉群
封面设计：贺　伟

ISBN 978-7-112-11138-1

(18370)定价：**6.00** 元

经销单位：各地新华书店、建筑书店

网络销售：本社网址 http://www.cabp.com.cn

网上书店 http://www.china-building.com.cn

博库书城 http://www.bookuu.com

图书销售分类：城乡建设·市政工程·环境工程（B30）